李映璇 易彦廷 沈郁芷 韩斯 / 著

吴佳臻 / 绘　　吴赛金 / 校

欢迎光临！

怪兽
科学实验室

1
化学自然篇

漓江出版社

·桂林·

怪兽爱分享

皮亚杰认为，"基模"（Schema）是学习者学习知识的基本架构，学习者会运用原有认知来处理接触到的外在新事物。也就是当学习者接收到新的讯息时，就从原先在记忆中的基模去抓取类似的讯息，此过程称为"基模处理过程"。另外，奥苏贝尔博士的有意义学习论提到，学习者在学习新知识时，会用自己既有的先备概念去联结新概念，借由老师的引导，产生所谓有意义的学习。因此在学习新知识之前，我们主张教师可以将新知识的重点提出，并与学生原有的背景知识结合，以进行有效学习。所以进行"有意义学习"，借由生活中所接触的事物，在学习者进入学校学习之前建立基模或累积旧经验，将有助于他们自然科学领域的学习。

这套书各有十项实验，通过精美绘图以及详细的操作步骤，带领孩子动手做实验。另有"韩斯老师TALK"延伸与补充原有知识，更特别的是，本书借由怪兽解密介绍实验之科学原理，让学习者知道未来要连接学校自然科学相关的单元，帮助他们建立所学的基模，累积经验。

　　每项实验，几乎都是利用生活中容易取得的材料，例如使用 22 根以上的小木条，不需要使用钉子、绳子来固定，就能建造出木拱桥。这样的实验，不但够惊奇，还能展现力矩平衡的作用。五百多年前，达·芬奇就设计了 240 米长的木拱桥，被称为"达·芬奇桥"。一连串相关知识层层堆栈，让学习不仅有趣，也更为扎实。又例如，利用牛奶、醋和小苏打这一类常见材料，便能做出具有黏性的牛奶胶水，是不是很神奇呢？每项实验都非常有意思，等待读者们来一一发掘。

　　这是一套具有跨领域学习特点的科普书，既有精美插画、历史故事，又有实作体验、工程设计与科学探究等，而跨领域学习是现在教育所强调的学习核心；同时这也是一本能够指导孩子在家做实验的书，在此向大家推荐！

台北市立大学应用物理暨化学系教授兼系主任　**古建国**

专家也爱看！

怪兽来提点

非常有趣的科普书，精选十项重要又有趣的实验，由浅入深，逐渐打造全方位科学脑！跟着使用说明这样读，必定能发现科学的奥妙，体会科学的乐趣！

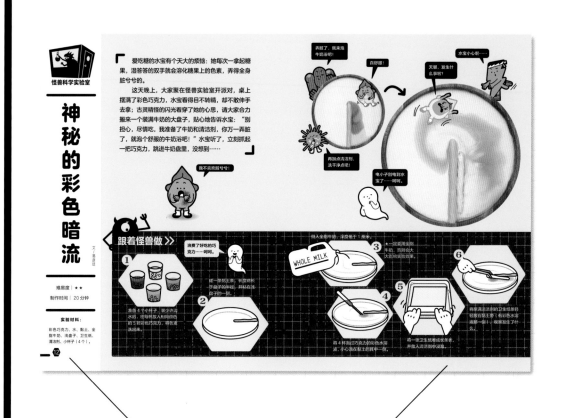

实验材料容易取得，在家就能做实验。

详细的实验步骤，一步一步跟着做，成功率百分之百！

惊奇现象背后的科学原理，一次全揭露！

人气爆棚的韩斯老师，补充相关科普知识，立即提升科学素养！

怪兽解密 >>

为什么彩色巧克力一碰到水就会褪色，泡出彩色的水呢？这是因为工厂在制作彩色巧克力时，添加了食用色素，例如蓝色的"亮蓝"、黄色的"日落黄"、红色的"诱惑红"等，这些色素通常具有水溶性，只要遇到水就会溶解。

另外，为什么一加入清洁剂，色素水就会在鲜奶中发生变化？这是因为清洁剂和鲜奶的特性啦！鲜奶的主要成分包括水、糖类、蛋白质和脂质，而清洁剂则是一种界面活性剂，分子包括了亲油端和亲水端，所以当清洁剂遇到鲜奶时，亲水端会跟鲜奶中的蛋白质进行作用，而亲油端则会快速包围其中的脂肪，产生一个个叫作"微胞"的结构，这个过程会导致鲜奶内部剧烈的混乱，里面的食用色素分子也会被冲撞，直到微胞均匀分散在整杯鲜奶中，色素向周围扩散的特殊现象才会停止。

界面活性剂分子

哇！清洁剂真厉害！

蛋白质

脂肪球

怪兽创意 >>

具有水溶性色素的彩色糖果，还有另一种玩法！将糖果平铺在盘子上，围成一个圆圈，再将清水缓缓倒入盘中（水面不要淹过糖果顶端），等待几秒钟后，糖果的色素就会慢慢溶出，向两端扩散，从而制造出超漂亮的彩色转盘哦！

14

韩斯老师 TALK >>

仔细观察大自然，你会发现一些有趣的现象：为什么水在叶子上会形成一颗颗小水珠呢？为什么玩吹泡泡，吹出来的泡泡总是圆的呢？看看池塘，为什么水黾（mǐn）可以在水面上滑行跳跃，而不会沉下去呢？

这些现象都是由表面张力产生的哦！

表面张力的成因是来自液体的分子间有相互吸引的力，液体表面最外层的分子受到内部分子的吸引力，试图让液体表面积收缩到最小，也就是能量最低、结构最稳定的状态，这股"使液体表面收缩的内聚力量"，就被称为"表面张力"。

水滴落到叶子上，水的表面张力会使得水把自己的身体往内缩，让表面积缩到最小，从而形成了水珠。你可以想象，就像天气冷时，你会缩成一团，让接触到冷空气的表面积尽量变小一样。

还有我们在公园玩吹泡泡的时候，不管用方的、长的或其他什么形状的工具来吹泡泡，泡泡都是圆球形，正是因为表面张力的作用。

当水的表面张力大于物体重量的时候，物体就可以浮在水面上。池塘中的水黾能轻盈地在水上漂，不会沉入水中，原因之一就是水的表面张力。

怪兽科学实验室

15

运用相同原理，发挥创意继续玩科学。

简单又明了！

怪兽来集合

力大王

力气、嗓门都很大，觉得世界很美好，任何事都能解决，虽然有时候只解决了一半。

水宝

天性爱幻想，关键时刻又会突然清醒，精打细算。最不喜欢自己软绵绵的身体，一心想变强。

空气鬼

如空气般存在，又像鬼魅般飘移，喜欢在大家逐渐忽略他时，展露调皮的一面。

电小子

个性冷静，喜欢读书做学问，习惯注意身边的细节，时常会有大发现。

闪光

个性温暖，有求必应，总能满足大家的期望，偶尔脑子会冒出古灵精怪的点子。

盐哥

不爱说话，边缘人指数很高，唯独对感兴趣的事，才会出个声，但也只讲一两句。

韩斯

新世纪科普达人，当有新的实验点子时，会拖周围的人一起做实验。以"科学探险家"自居的热血自然老师。

仔细阅读，你也可以跟我一样有内涵！

怪兽保平安

做实验，观察神奇的变化，发现有趣的结果，常令人惊呼连连，沉浸在动手做的乐趣中。不过，在过程中，务必要小心谨慎，保持高度警觉性，如果不小心受伤了，甚至发生无法挽救的事故，那可就糟糕了。尤其小朋友，一定要在家中的陪同下进行实验，保证安全！让我们一起来遵守实验安全规范吧！

1 实验前，将长发及松散的衣服固定好，以免被仪器卡住造成危险。

2 依照实验需求，戴上护目镜和手套，保护眼睛及手部安全。

3 实验开始前后，以及离开实验室前，都应该把手洗干净。

❹ 进行实验时，应认真专心，严禁嬉笑怒骂。

❺ 实验室里有毒药品很多，不能在实验室里饮食。

❻ 避免独自一人在实验室里做危险的实验。

❼ 实验室里的药品，都要贴上标签，并注明名称及使用的日期。

❽ 实验室的出入口应保持畅通，不能堆放物品或垃圾。

怪兽酷工具

这些器材都很酷呢！

常用实验工具

听说等一下要做的实验，这些几乎都用不到。

那干吗还要认识它们？

做实验时，常会用到各式各样的器材。如果不熟悉这些器材的名称和用途，很容易在操作时手忙脚乱，不仅影响实验结果，严重的话，还可能酿成大祸。因此实验前，先了解器材的特点和正确用途，进行实验时，才能轻松选对合适的器材！

❶ 烧杯

用来配制溶液和较大量溶剂的反应容器，在常温或加热时使用。

❷ 酒精灯

用于加热，使用完后，必须用灯帽盖灭，不可用嘴吹熄。

❸ 锥形瓶

一般用于滴定实验中；也可用于一般实验，制取气体或作为反应容器。

❹ 石蕊试纸

有红色石蕊试纸和蓝色石蕊试纸两种，常用来测试溶液的酸碱性。

看看也不错啦！

❺ 滴管

用来吸取或添加少量液体。

❻ 量筒

用来测量液体的体积，不可用来加热或进行化学反应。

❼ 生物显微镜

用来观察生物切片、生物细胞等。

❽ 天平与砝码

用来测量物体质量。

我们的实验，主打的是"随手可得"的材料啊！

❾ 温度计

用来测量温度。

❿ 集气瓶

用于收集或储存少量气体。

那要开始了没？

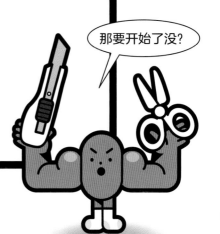

神秘的彩色暗流

文／易彦廷

难易度｜★★

制作时间｜20分钟

实验材料：

彩色巧克力、水、黏土、全脂牛奶、浅盘子、卫生纸、清洁剂、小杯子（4个）。

爱吃糖的水宝有个天大的烦恼：她每次一拿起糖果，湿答答的双手就会溶化糖果上的色素，弄得全身脏兮兮的。

这天晚上，大家聚在怪兽实验室开派对，桌上摆满了彩色巧克力，水宝看得目不转睛，却不敢伸手去拿；古灵精怪的闪光看穿了她的心思，请大家合力搬来一个装满牛奶的大盘子，贴心地告诉水宝："别担心，尽情吃，我准备了牛奶和清洁剂，你万一弄脏了，就泡个舒服的牛奶浴吧！"水宝听了，立刻抓起一把巧克力，跳进牛奶盘里，没想到……

我不喜欢脏兮兮！

跟着怪兽做 >>

浪费了好吃的巧克力……呵呵。

1 准备4个小杯子，装少许清水后，往每杯放入相同颜色的5颗彩色巧克力，将色素洗出来。

2 搓一条黏土条，长度略长于盘子的半径，并粘在浅盘子的一侧。

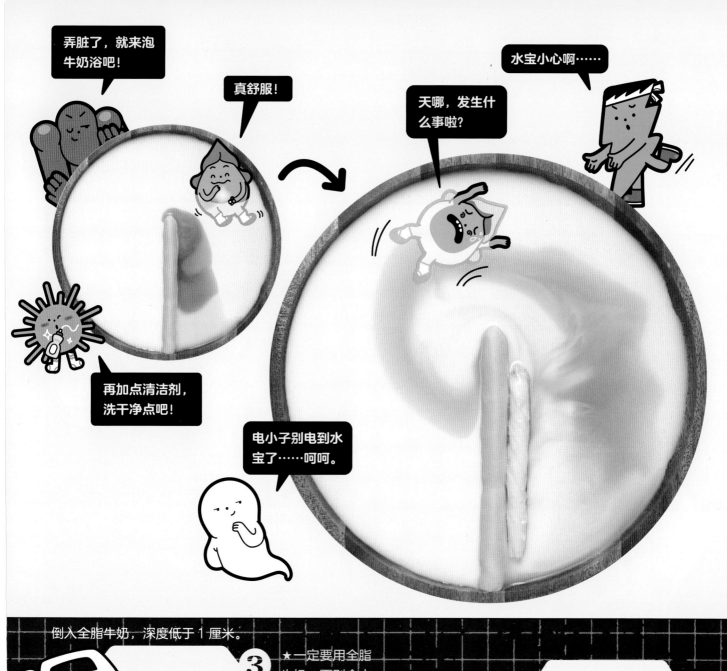

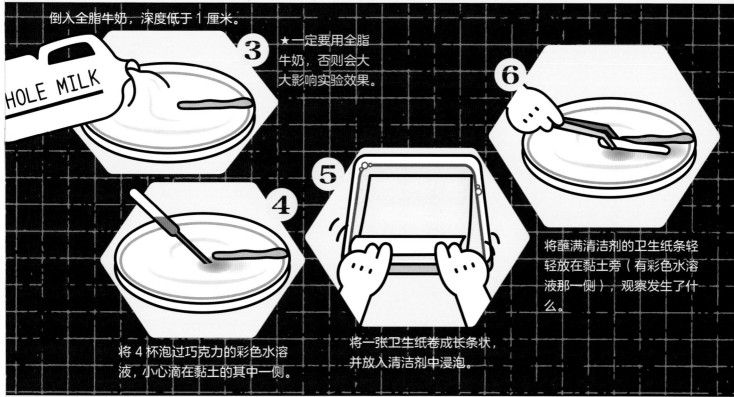

怪兽科学实验室

吹蜡烛的难题

文／易彦廷

力大王的爷爷——力爷爷一百岁生日到了，怪兽们为他准备了一个大蛋糕，并插上满满的蜡烛！但力爷爷感冒了，吹蜡烛时，一定会让病毒毁了整个蛋糕……电小子建议力爷爷用掌风吹熄蜡烛，但力大王说："力爷爷力大无穷，一扇风就能吹倒整个蛋糕。"这时，闪光在地上排满了蜡烛，请水宝倒置手中的大杯子，蜡烛就这样全熄灭了！闪光是怎么办到的呢？

生日快乐！

Happy Birthday！

cough!

万寿无疆！

难易度｜★

制作时间｜15分钟

实验材料：

瘦长的杯子（2个）、小苏打、白醋、蜡烛（数个）、打火机。

跟着怪兽做 >>

1 将数个蜡烛排成圆圈后点燃，蜡烛和蜡烛之间空隙越小越好。

2 拿出两个瘦长的大杯子。

3 在其中一个杯子内加入大量小苏打，但粉末不能超过杯高的三分之一。

16

请看我的"空杯熄火秀"！

这跟我们空气有关哟！

力爷爷

惊！

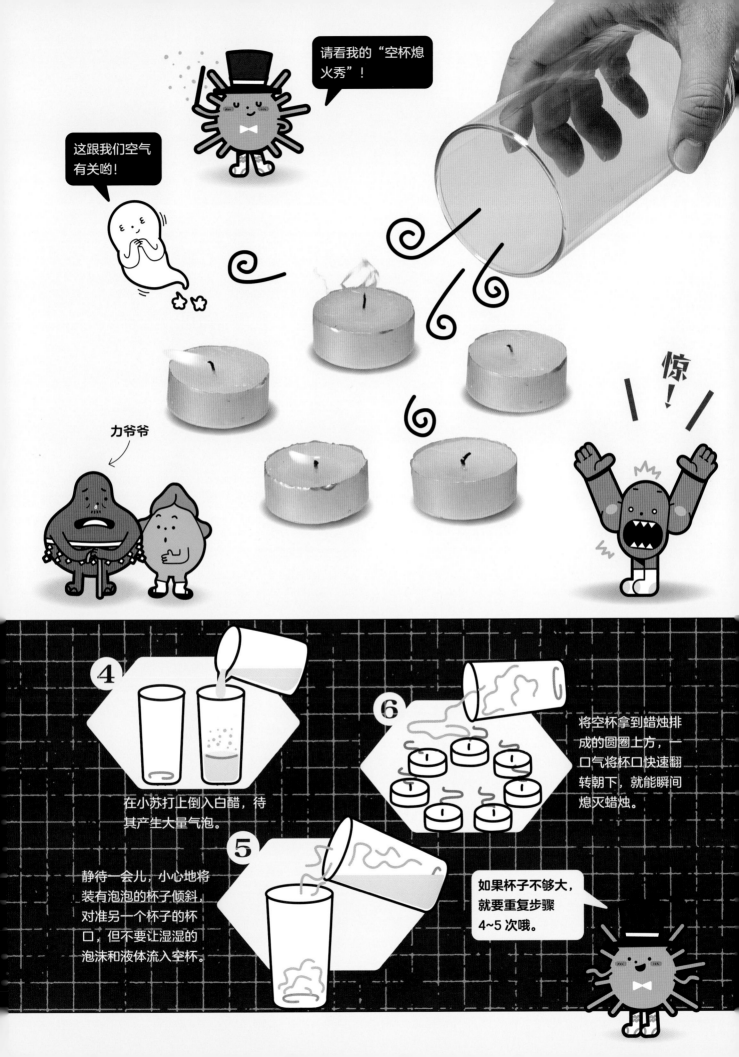

4 在小苏打上倒入白醋，待其产生大量气泡。

5 静待一会儿，小心地将装有泡泡的杯子倾斜，对准另一个杯子的杯口，但不要让湿湿的泡沫和液体流入空杯。

6 将空杯拿到蜡烛排成的圆圈上方，一口气将杯口快速翻转朝下，就能瞬间熄灭蜡烛。

如果杯子不够大，就要重复步骤4~5次哦。

怪兽解密>>

　　小苏打的正式名称为"碳酸氢钠"（化学式：$NaHCO_3$），是一种白色粉末，属于弱碱性物质，只要加热到 50℃ 以上，就会逐渐分解，产生碳酸钠、二氧化碳和水。但是当小苏打遇到弱酸性的白醋（醋酸）时，即使在室温下，也会进行酸碱中和，发生激烈的化学反应，最后产生水、白色的碳酸钠和大量泡泡，也就是二氧化碳。

　　空气是一种混合气体，包含了氮气（占空气总量约五分之四）、氧气（占空气总量约五分之一）和其他少量的气体；而二氧化碳比这些气体都重，放在一起时，很容易沉降到空气底部。因此，当我们将小苏打和白醋制造出的二氧化碳倒向空杯时，二氧化碳会将里面的所有空气挤出来，并稳稳沉入空杯底部；而当我们把整杯二氧化碳倾倒在烛火上方时，下沉的二氧化碳又会将助燃的氧气挤开，进而扑灭烛火。

二氧化碳这家伙真的很重！

怪兽创意>>

把小苏打装进气球内，再套在装有醋酸的塑料瓶上，几秒钟后，气球就会自动吹好啦！

　　闪光为了帮力爷爷庆生，买了一大包小苏打！在力爷爷顺利吹完生日蜡烛后，闪光突发奇想，带着怪兽们一起用小苏打吹气球。有了花花绿绿的气球，力爷爷的生日会场变得更热闹、有趣了！你知道怪兽们是怎么快速吹气球的吗？

韩斯老师 TALK >>

镁的活性比碳大，可以抢走二氧化碳中的氧，进行氧化反应，所以镁在二氧化碳中也能够燃烧。镁燃烧的时候会发出亮度极大的白色强光，19世纪开始被应用于摄影，作为光线辅助。在电影中会看到早期合照时，"啪"一声闪光，就是摄影师点燃镁粉发出强光来补光，所以闪光灯又称作"镁光灯"。

镁燃烧的焰色是白色的，那其他金属呢？19世纪德国化学家罗伯特·威廉·本生，为了烧制玻璃实验器具，发明了本生灯。本生灯火焰呈浅蓝色，但当灯焰钻进铜制的灯头内部时，火焰呈绿色；灼烧玻璃时，火焰呈黄色；将钾盐放在灯焰上灼烧时，火焰呈现淡紫色；大多数金属或金属化合物灼烧时，火焰呈现特殊的颜色。这个特性被应用作为化学中的"焰色测试法"（flame test)，或称"焰色反应"，用以测试化合物当中是否含有某种金属。

生活中也有常见的焰色反应例子，比如跨年时五光十色的烟火。色彩缤纷的烟火来自配制好的着色剂，也就是金属元素或化合物燃烧后的颜色，例如：钠 Na（黄色），钾 K（浅紫色），锶 Sr（洋红色），钙 Ca（砖红色），铜 Cu（绿色）。

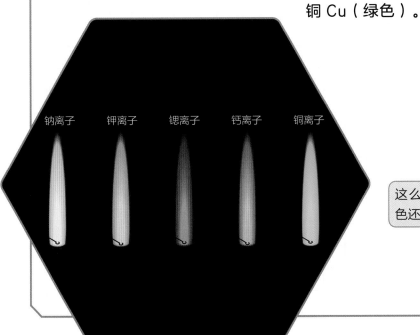

钠离子　钾离子　锶离子　钙离子　铜离子

这么多缤纷的颜色还真是漂亮！

怪兽科学实验室

遗迹宝藏

文 / 李映璇

迷雾森林里有一座藏有宝藏的远古遗迹，怪兽们决定组队出发，前往森林探险寻宝！过了几天，终于找到一个超大的藏宝箱，不过，就连力气最大的力大王，也无法撬开这厚重的藏宝箱。这时，电小子发现箱子上锁着密码锁；闪光也发现了一张白纸，他立刻拿出一瓶神奇药水喷在白纸上，白纸上瞬间出现一组密码。这密码会是打开藏宝箱的关键吗？

出发寻宝去！

Let's Go !

难易度 | ★ ★

制作时间 | 20 分钟

实验材料：

白纸、化妆棉、剪刀、塑料袋、唾液、喷瓶、优碘、水。

跟着怪兽做 >>

1
将化妆棉剪成长条状。

2
将一条条的化妆棉放入干净的塑料袋中，再努力吐口水进去，直到完全浸湿化妆棉。

3
取出沾满唾液的化妆棉，在白纸上排成密码。

冰雪森林计划

文／易彦廷

难易度｜★★★★

制作时间｜4 小时以上

实验材料：

牛皮纸、剪刀、水性彩色笔、水、小碟子、磷酸二氢钾粉末。

天气好冷，水宝每天都幻想自己变成冰雪公主，一挥手就能喷出冰雪，跳个舞就能变出冰城堡！但力大王却劝她别再幻想了。闪光要水宝别难过："我们来打造一座冰雪森林，让力大王吓一跳吧！"接着，闪光拿出几张粗糙的纸，请水宝剪出树木的轮廓，自己则拿了一些神奇的亮粉，调配魔法药水……他们的"冰雪森林"计划，会成功吗？

变！变！变！
变出冰城堡！

跟着怪兽做 》》

① 在牛皮纸上剪出两个大小、高度差不多的树形，并从树干中间剪开（一张从上往下、一张从下往上，剪到半棵树的高度）。

小心不要剪到手哦！

② 将两棵纸片树，十字交叉，组装成一棵立体的纸树。

哇，树都结冰啦！

好酷哦！

嘿嘿！还不赖吧！

闪光的科学把戏可真多呀！

天哪！真的有冰！

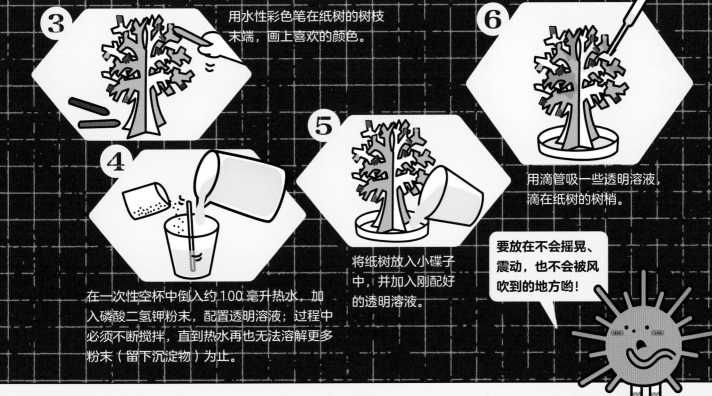

3 用水性彩色笔在纸树的树枝末端，画上喜欢的颜色。

4 在一次性空杯中倒入约 100 毫升热水，加入磷酸二氢钾粉末，配置透明溶液；过程中必须不断搅拌，直到热水再也无法溶解更多粉末（留下沉淀物）为止。

5 将纸树放入小碟子中，并加入刚配好的透明溶液。

6 用滴管吸一些透明溶液，滴在纸树的树梢。

要放在不会摇晃、震动，也不会被风吹到的地方哟！

〈 怪兽解密 〉》

　　为什么纸树会结冰呢？其实那些白白的晶状体并不是冰，而是白色粉末磷酸二氢钾的结晶。

　　所有的盐类（例如：磷酸二氢钾、食盐……）溶于水时，都有一定的溶解量，当到达饱和后，一旦温度下降或溶液中的水分蒸发，超过溶解上限的盐类，就会以"晶体"的方式析出。

　　纸树所用的纸具有吸水性，磷酸二氢钾水溶液会通过"毛细现象"扩散到整棵纸树上，而纸上的水分也会渐渐蒸发，其中又以纸张边缘蒸散得最快；于是纸片上磷酸二氢钾溶液的浓度越来越高，最后超出溶液饱和上限，在树梢析出白色的磷酸二氢钾结晶。如果制作纸树时，预先在树梢涂上水性颜料，析出的结晶就会带有颜料的颜色，让纸树布满漂亮的彩色"冰晶"！

> 好酷的超能力啊！

怪兽创意 》》

> 磷酸二氢钾也能帮我变壮吗？

> 千万不要吃，它可是有毒的！

　　空气鬼在实验后，默默上网查询磷酸二氢钾的秘密，发现它又称为"磷酸一钾"，是一种很常见的化学肥料，具有良好的水溶性，为植物提供磷、钾两种元素。只要把实验用过的透明溶液稀释 50 倍，就能直接喷洒在土壤或植物叶片上，让植物的绿叶更绿，也更容易开花哟！

《冰雪奇缘》中的 Elsa 公主变出美丽的片片雪花，其实雪花有各种形状，大自然中没有完全相同的两片雪花，很神奇吧！古人很早就观察发现雪花呈六角形，西汉诗人韩婴曾写道："凡草木花多五出，雪花独六出。"因此，雪花在中国诗词中有了"六出花"的别名。为什么雪花结晶的主结构都是对称的正六角形呢？

这种六角形的形状并不是偶然的，而是由水分子的物理和化学性质决定的。水分子（H_2O）由一个氧原子和两个氢原子组成，形成了一个"V"字形的结构。这种分子结构在冻结成冰晶时，会通过氢键连接成一个六边形的晶格。每个水分子的氧原子都带有负电荷，氢原子带有正电荷，当多个水分子聚集在一起时，氢原子和氧原子之间的相互吸引力使它们排列成六边形。

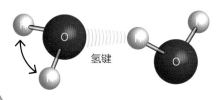

氢键

美丽繁复的雪花，放大再放大看的话，我们会发现一朵雪花长出多朵小雪花，每一朵小雪花又长出多朵小小雪花，每一个局部都有一样的特征结构，每一部分都是整体的缩小版。这种大自然中的神秘规则，数学家称之为"碎形"，生活中的树枝枝丫、云朵的边界、河流的分支都具有碎形特征呢！

嗯，有碎形特征的还真不少！

怪兽科学实验室

魔法硬币

文／李映璇

难易度｜★★★★

制作时间｜30 分钟

实验材料：

五角硬币、铝箔纸、厨房纸巾、盐、醋、滴管、LED 小灯、泡沫板、电池。

一年又过去了，闪光抱着一个大扑满跟大家炫耀："你们看！我今年存满了一整个扑满耶！"盐哥开心地大叫："请客——闪光请客！"力大王则开玩笑说："你存的不会都是五角硬币吧？加起来有没有一百元？"水宝连忙出面解围："五角硬币也很好呀！积少成多，而且，我们家族流传着一个魔法，在没有电池的情况下，用这些五角硬币也能发电，让灯泡发光哦！"

请客！

我要喝饮料。

跟着怪兽做 〉〉

1 醋

将 25 个五角硬币放进醋中，浸泡 3 分钟后，取出并刷洗干净。

2

将厨房纸巾及铝箔纸裁剪成硬币大小，各 25 片。

★本实验请选择铜锌合金的五角硬币。

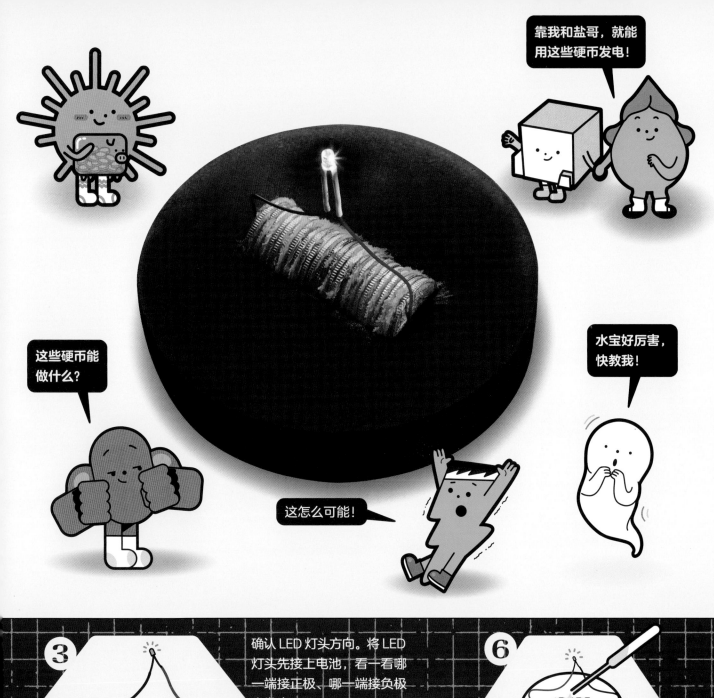

靠我和盐哥，就能用这些硬币发电！

这些硬币能做什么？

水宝好厉害，快教我！

这怎么可能！

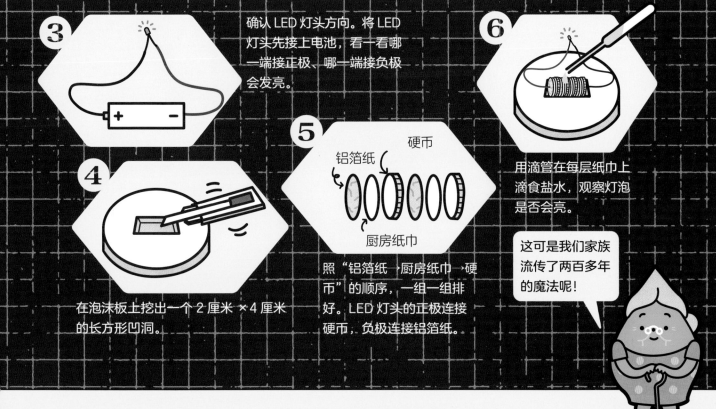

3 确认 LED 灯头方向。将 LED 灯头先接上电池，看一看哪一端接正极、哪一端接负极会发亮。

4 在泡沫板上挖出一个 2 厘米 ×4 厘米的长方形凹洞。

5 硬币 / 铝箔纸 / 厨房纸巾

照"铝箔纸→厨房纸巾→硬币"的顺序，一组一组排好。LED 灯头的正极连接硬币，负极连接铝箔纸。

6 用滴管在每层纸巾上滴食盐水，观察灯泡是否会亮。

这可是我们家族流传了两百多年的魔法呢！

怪兽解密 >>

为什么五角硬币和铝箔纸放在一起，会变成电池呢？了解以下两个原理，就能解开水宝家魔法的秘密。

首先，盐加入水中，会形成许多带正电和负电的小离子（$NaCl \rightarrow Na^+ + Cl^-$），带正电的离子游向负极，带负电的离子游向正极，使溶液的导电能力增加，变成电解质溶液。

其次，五角硬币主要的成分是铜，而铝箔纸则是铝，都是生活中常见的金属；金属中有许多自由电子，在一定条件下能在金属中自由活动，让金属导电。

但不同的金属活性不同，如果将不同金属一起放入导电液（盐水）中，"活性大的金属"会释出电子，而"活性小的金属"则会接收电子。在这次的实验中，铝的活性大于铜，所以铝箔纸会不断释放出电子，而铜币则接收电子，形成电流。

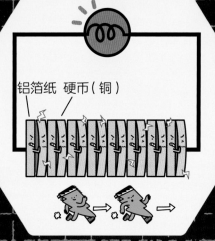

铝箔纸　硬币（铜）

因为铜和铝的活性不同，迫使电子在食盐水中朝固定方向移动；这是一种化学能转变为电能的现象。

哇！原来硬币有这样的妙用！

这魔法不一定要靠我，也可以用醋、柠檬水等溶液试试哦！

怪兽创意 >>

水宝制作的"硬币电池"，除了能让小灯泡发光以外，也能像普通电池一样，使用在其他电器上吗？空气鬼默默拿起刚做好的电池，用鳄鱼夹电线接上少了一颗电池的遥控器，铜币接正极，铝箔纸接负极，哔——遥控器果然启动了！

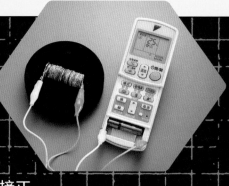

啊——启动了……

★化学电池中的阴极就是俗称的正极，阳极则是俗称的负极。

韩斯老师TALK >>

移动电源的出现源自智能型手机的转型。早期手机的电池可以取出充电、更换，iPhone首创内建电池的设计，当电源耗尽时无法更换另一颗新电池，必须要有随身充电的设备，促成了移动电源的发明。

移动电源的设计构造其实很简单，包括锂电池电芯与控制板。图中一个个像电池的就是储存电量的主体——电芯，电芯的个数、储电量与质量好坏左右了移动电源的容量与耐用程度；控制板主要是各种电流、温度控制保护装置。

想知道你的移动电源有多少电，就看看上面标示有多少mAh，10000mAh的移动电源大约可以充满三次手机。最新型氮化镓移动电源，加入了半导体氮化镓芯片，体积更小，输出功率更大，还可以随身充笔记本电脑呢！

再来认识一下移动电源上的接孔吧！移动电源充电的输入孔有两种，旧型Micro USB及USB Type-C，Type-C的充电效率比较快；输出孔有两种，USB Type-A、USB Type-C，有的移动电源有两个Type-A输出孔，分别为1A、2.4A或以上，其中数字大的充电快，是快充孔，也可以用来充平板等耗电量较大的设备。好好认识移动电源，变成高科技人吧！

我就是一个标准的科技人！

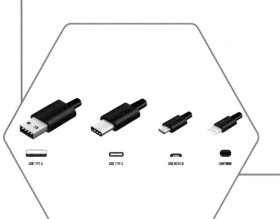

橘皮精油灯

文／李映璇

凉爽的秋天来了，黄澄澄的橘子挂满怪兽庄园里的树林，力大王热心地帮忙采收，带回成堆的橘子。闪光看到立刻大喊："哇——是橘子！大家快来吃橘子！"说完，大家纷纷围了上来，转眼间，地上只剩下橘子皮了。水宝妹妹看着橘子皮说："橘子皮好香，丢掉真可惜！"闪光想到好办法：做一个可爱的橘皮精油灯，点亮黑夜，让空气里充满橘子香气吧！

还能再利用吗？

看我的。

难易度｜★★★

制作时间｜60 分钟

实验材料：

厚皮橘子 2 个、食用油 40 毫升、食盐、水、汤匙、水果刀、有瓶盖的广口瓶 2 个、过滤网筛、滴管。

跟着怪兽做 >>

① 用水果刀在橘子 2/3 处横切一刀，将果肉挖起来并吃掉，记得要留下中间的蒂头纤维中心柱，当作灯芯。

橘皮内千万不要碰到水哦！

② 将另一颗橘子的皮撕成小块（撕得越小，效果越好），加入 40 毫升食用油，浸泡约 30 分钟。

③ 取 200 毫升的水，边搅拌边加入大量食盐，加到底部剩一点食盐再也无法溶解时，制作成饱和食盐水。

点火加热后，橘皮精油更香了！

哇！太美了！我也想带一个回家。

趁大家看灯，我多吃几个橘子！呵呵……

妈妈说，精油对身体很好哦！

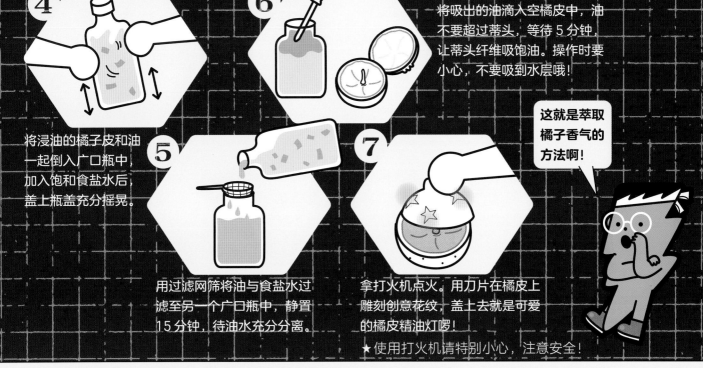

4 将浸油的橘子皮和油一起倒入广口瓶中，加入饱和食盐水后，盖上瓶盖充分摇晃。

5 用过滤网筛将油与食盐水过滤至另一个广口瓶中，静置15分钟，待油水充分分离。

6 用滴管吸取浮在上层的油，并将吸出的油滴入空橘皮中，油不要超过蒂头，等待5分钟，让蒂头纤维吸饱油。操作时要小心，不要吸到水层哦！

7 拿打火机点火。用刀片在橘皮上雕刻创意花纹，盖上去就是可爱的橘皮精油灯啰！

★ 使用打火机请特别小心，注意安全！

这就是萃取橘子香气的方法啊！

怪兽解密 >>

橘皮精油灯会飘出橘子的香气，是因为橘皮精油挥发的缘故。柑橘类果实的果皮中，含有大量油脂、果胶等成分，其中最主要的精油成分是柠檬烯，这种物质不溶于水，易挥发，具有柑橘的芳香，还能抗菌及抑制癌细胞生长呢！

实验中，我们将橘皮撕碎，加油又加盐水，目的就是要把橘子皮中的柠檬烯萃取出来。由于柠檬烯不溶于水，我们选用食用油把橘子皮中的柠檬烯溶出，而加入饱和食盐水，是因为饱和食盐水的渗透压大，附近的水分都会被它吸引过来，因此能够让油层中的水分减少，帮助油、水层分离。

为什么橘子皮的纤维可以当灯芯燃烧呢？橘子皮下方大量白色的纤维，统称为橘络，它是橘子果实的维管束组织，平时的功用就像人体的血管系统，负责运输水分及养分，但当它们遇到油的时候，也会因为毛细现象而不断将油向上运送，让整根橘络吸饱油汁，变得像烛芯一样，容易点燃。

柠檬烯的结构

油水不互溶。

简易萃取法。油层中的水分，会因渗透压的缘故跑进水层。

橘皮中的柠檬烯有好多功效哦！

油层

水层

怪兽创意 >>

在做橘皮精油灯的过程中，怪兽实验室中的气球毫无预警地忽然破掉好几颗。原来想要爆破气球，不用针刺，也不用脚踩，只要捏一捏吃剩的橘子皮，将精油喷到气球表面，气球就会"砰"一声，立刻爆破哦！

凹弯液面　　　　毛细现象

附着力

韩斯老师 TALK >>

　　晾干的葡萄柚皮盛装着柑橘香的精油，油沿着葡萄柚的中轴纤维吸附上去，就可以点火燃烧，变成浪漫温馨又可爱的橘皮精油灯，拿来当作礼物送人，一定诚意十足！奇怪，为什么油能够违反地心引力（重力）爬上中轴纤维的顶端呢？其实，这是一个大自然界中常见的现象——毛细现象。

　　历史上第一个明确观察并记录到毛细现象的人是列奥纳多·达·芬奇（Leonardo da Vinci），就是那位 500 多年前科学与艺术的天才——达·芬奇。他发现，把毛细管浸入水中，水就会在管中往上升一定高度，高于管外的液面。

　　这个神奇现象的原理是：液体遇见细管，管壁对液体的附着力大于液体自身的内聚力，使液体克服重力而往上升；反过来，液体就会下降至低于管外的液面。最常见的例子就是液态金属——水银（汞）。

　　在生活当中，大部分都是水、水溶液，我们可以观察到很多神奇的吸引力——毛细现象：像实验室中的酒精灯，酒精因毛细现象上升到灯芯顶端，就可以点火燃烧；还有毛笔尖端蘸墨水，就能吸饱毛笔；植物的根部吸收土壤中的水分。这些让液体克服地球引力往上爬的奇景，都是毛细现象。

生活中还有什么是毛细现象呢？换你想想看！

方块泡泡变变变

文／李映璇

难易度｜★★★

制作时间｜20 分钟

实验材料：

胶水、甘油、洗洁精、透明洗发露、水、铁丝、水盆、吸管。

天气晴朗，怪兽们围坐在草地上野餐，突然飘来几个七彩泡泡，水宝兴奋地大喊："好梦幻啊！我也想要吹泡泡！"空气鬼立刻拍拍胸脯说："没问题！交给我！看我特制的方形泡泡！"

爱吹泡泡的力大王，不相信空气鬼说的话，泡泡不都是圆的吗？但他还来不及反驳，空气鬼就拿出棉花棒，开始变魔术；几秒钟后，方块泡泡就出现在大家眼前了！

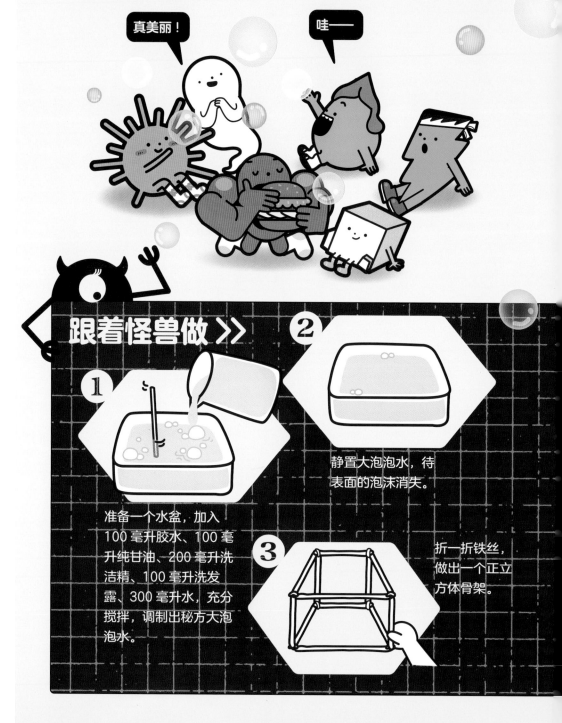

跟着怪兽做 》》

① 准备一个水盆，加入 100 毫升胶水、100 毫升纯甘油、200 毫升洗洁精、100 毫升洗发露、300 毫升水，充分搅拌，调制出秘方大泡泡水。

② 静置大泡泡水，待表面的泡沫消失。

③ 折一折铁丝，做出一个正立方体骨架。

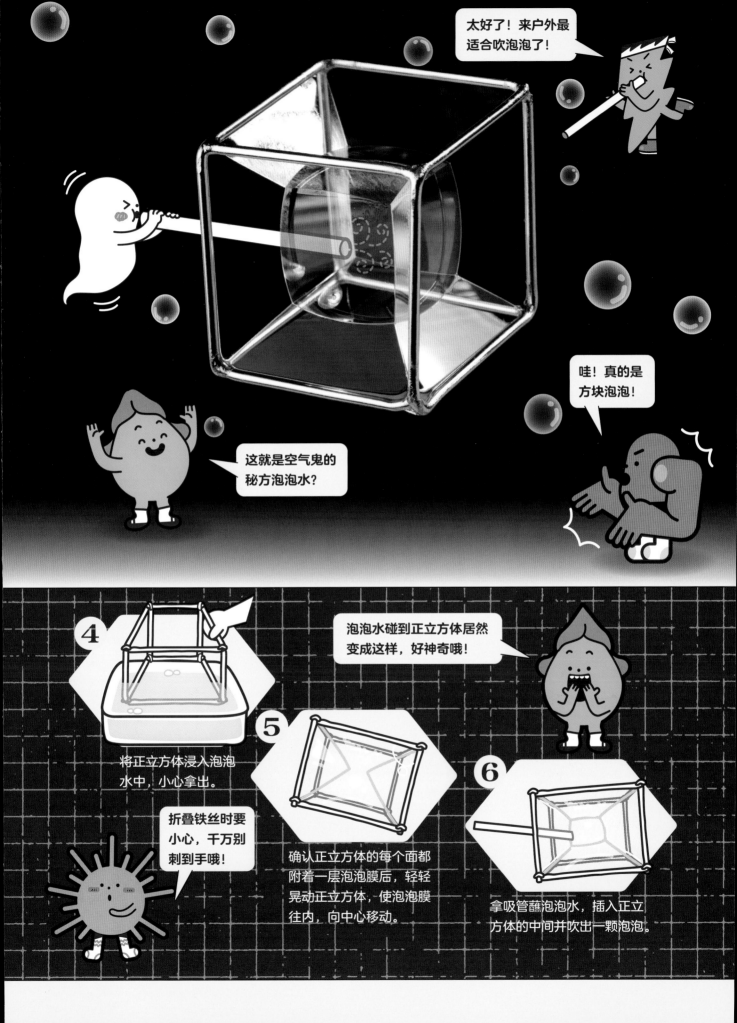

怪兽解密 >>

秘方泡泡水能吹出又大又持久的泡泡，最大的秘密就在：加了甘油和胶水。甘油不是油！它是一种无色黏稠的透明液体，吸水性很强，化学名称为"丙三醇"，常被加在化妆品里，作为保湿剂；在泡泡水中，甘油能让泡泡膜的水分蒸发得慢一点，使泡泡更持久。同时，泡泡水中的胶水，还能增加泡泡的黏稠性，让泡泡膜变厚，比较不容易破。

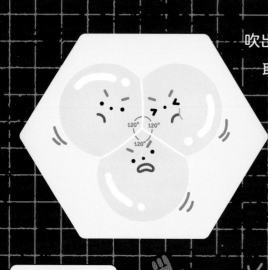

另外，为什么在正立方体中间吹泡泡，就能吹出方块泡泡呢？首先，当正立方体从泡泡水中取出后，会发现每一面都附着了一层泡泡膜，这时只要稍微晃动一下，正立方体上六个面所形成的泡泡膜，就会轻易地接合在一起，而且在表面张力的拉扯和平衡下，你会发现泡泡膜接合的每一个面都呈120度；这时，只要在这个中心点吹出一个泡泡，它的膜就会跟原本存在的泡泡膜接合，泡泡壁因张力达成平衡，由此形成方块泡泡！

哇！原来泡泡也很有力量呢！

怪兽创意 >>

聪明的闪光在看着大家玩立方泡泡时，忽然灵机一动，将毛根扭扭棒围成一个圈，并蘸上秘方泡泡水，再用吸管将毛根圈的泡泡水吹成一个大泡泡；接下来，用吸管沾泡泡水，在大泡泡下方吹出一个个泡泡，连出一条超酷的泡泡毛毛虫！

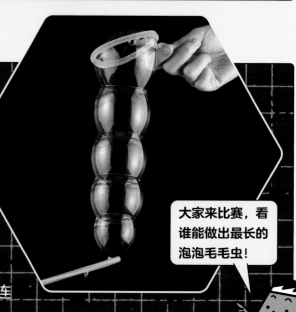

大家来比赛，看谁能做出最长的泡泡毛毛虫！

韩斯老师TALK >>

为什么肥皂水是透明的，但不管是方块泡泡、球状泡泡，都是五颜六色的呢？这就要来说说光的物理学了。泡泡绚丽变幻的色彩和光照射泡泡薄膜产生的折射、反射、干涉有关！

我们吹出来的泡泡看起来膜很薄，但其实把泡泡膜放大再放大来看，会发现膜是有厚度的，泡泡膜可分为最外层和内层构成。

当光线照射泡泡时，就像镜子把光挡回去一般，泡泡膜的最外层首先会把一部分的光反射回去（第一次反射），而剩下的光进入泡泡膜之后，因为光行进的环境改变（从空气 ⇨ 泡泡膜内）而产生折射，接着又遇到了泡泡膜的内层，会再一次把部分光反射回去（第二次反射），第一次反射光加上第二次反射光重叠后，就会产生物理学所说的"光的干涉"。

> 小小泡泡，学问这么大！

多次反射光的叠加，产生不同的相长、相消的干涉结果，使原本的白光中的某些色光减弱、某些色光加强，就显现出不同颜色的光。此外，随着水分蒸发越来越多，泡泡会越来越薄。泡泡膜的厚度只要有微小的变化，光的颜色就会跟着变化，所以我们看到吹出来的泡泡总是五彩缤纷的。

其实不只泡泡，光照射其他透明薄膜，如马路上的一摊油污膜、眼镜镜片，也能看到七彩的薄膜干涉效果哦！

鱼草共生

文／李映璇

难易度 | ★ ★

制作时间 | 20 分钟

实验材料：

大透明塑料瓶、剪刀、小鱼、水草、水生植物、小石头、细水管。

周末时，怪兽们聚在一起，热烈讨论着最近的新发现。闪光兴高采烈地分享："我们校外教学，去参观了一个鱼菜共生农场！原来鱼和菜可以互相帮助，让彼此长得更好！"空气鬼惊呼："哇——听起来好酷！"

水宝想了一会儿，说："虽然我们没有超大鱼缸和抽水马达，但如果应用同样的原理，应该还是能让植物和小鱼'鱼草共生'吧！"

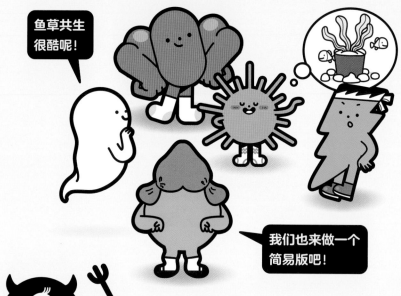

鱼草共生很酷呢！

我们也来做一个简易版吧！

跟着怪兽做 >>

1 用剪刀从透明塑料瓶身 2/3 处剪开，一定要小心修剪断面，以免刮伤。

2 拿起刚剪下的上半部瓶身，再将瓶口剪掉，并剪出一道道的滤水缝。

水族馆鱼缸的旧海绵里，有丰富的硝化菌呢！

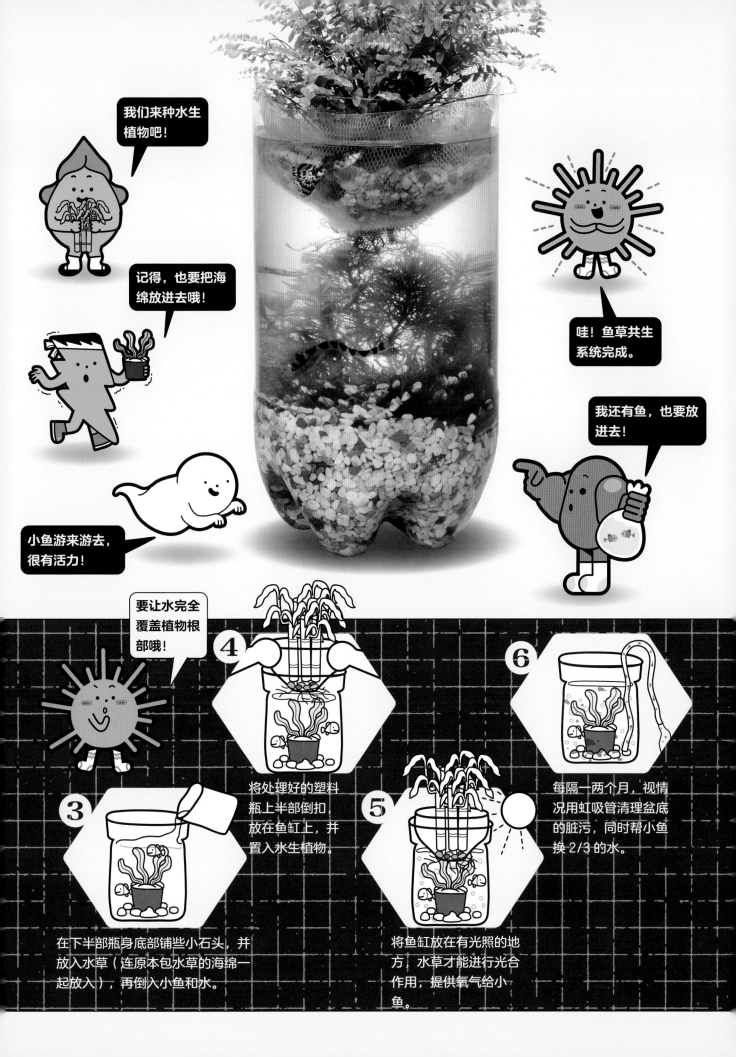

硝化菌

"鱼菜共生"是一种有机农法，是指在没有土的环境中，建立鱼、蔬菜、微生物（硝化菌）的循环系统。

鱼排泄的粪便中，含有毒的氨，经过水中的硝化菌分解后，会变成蔬菜所需要的肥料——氮肥，而蔬菜在吸收养分的同时，也会帮鱼过滤水质，实现"养鱼不换水而无水质忧患，种菜不施肥而正常生长"的理想，产出无毒的蔬菜和鱼。

在这个实验中，我们改造传统的鱼菜共生系统，制作成家中观赏用的鱼草共生盆栽。

传统农场中的鱼菜共生系统，会在鱼池中架设抽水马达，把鱼池中的水抽进盆子里，让植物的根部吸收养分，净化水质。而实验中设计的盆栽则不使用马达，改用挂篮的方式，将水耕植物挂在鱼缸上方，并让植物的根部直接浸泡在鱼缸中，吸收水里的养分并完成过滤的工作；不过少了马达制造水流，系统中的含氧量会略显不足，因此放入水草，通过水草进行光合作用，增加水中氧气浓度。

另外，如果想要在这小小的鱼草共生盆栽中种菜，建议种植水耕葱、薄荷等香草植物，成功概率非常高。

> 小鱼和植物也是生命，要好好照顾哦！

> 虹吸现象跟力学有关。简简单单吸走脏污，超厉害！

跟大家介绍清洗鱼缸的好帮手——虹吸管！

当我们清洗鱼缸时，如果直接倾倒鱼缸换水，就得把鱼、石头和装饰小物捞出来清洗；其实只要在水管中灌满水，一头放入鱼缸底部，一头悬在水缸外低于池底的位置，利用水位高低差制成虹吸管，就能轻松吸走缸底的脏水和脏污了。

达成生态平衡，不用太常换水的"鱼草共生"小世界很神奇吧！在生活中还有哪里应用了这样生态平衡的理念呢？大家和妈妈去超市买菜时有看过"鸭稻米"吗？鸭稻米可不是有鸭肉味道的米哦，而是指"鸭稻共生"互相帮助的生态平衡小世界，不用农药生产出肥美丰硕的米。

每一个福寿螺的卵块，就有 100 ~ 400 个卵粒，看起来很醒目。

对水稻威胁最大的害虫——福寿螺大量啃食水稻秧苗。常常在水稻上黏着的一串串粉红色葡萄状的福寿螺卵，是人们的大烦恼。

若人们使用农药大批杀螺又会毒害土壤、作物，于是效法有机耕作"鸭稻共生"，借由天然食物链解决福寿螺问题。

鸭喜欢吃禾本科以外的植物和水面浮生杂草，也爱吃昆虫类、福寿螺等螺类，能消灭稻田里的许多害虫，就可以不使用除草、除虫类农药。再加上鸭子在稻间移动，可以减少水稻田青苔的产生，增加含氧量；鸭脚在田里走来走去，对稻子的生长与结实有促进作用；鸭粪可作为丰富有机肥；鸭子养在稻间，以杂草与水生生物作为饲料。鸭子与水稻形成了共生系统，以如此生态平衡的有机农法生产出健康的"鸭稻米"。

不过，也不是每一种鸭子都适合养在稻田里"鸭稻共生"，像蛋鸭会踩坏稻田，红面番鸭不太爱移动位置，而家鸭能顺着秧苗间的空隙慢慢前进，游泳吃螺，是最适合养在稻田里的品种。

QQ水晶球

文／易彦廷、李映璇

难易度｜★★★

制作时间｜40分钟

实验材料：

海藻酸钠4克、氯化钙10克、滴管、透明玻璃杯2个、水、茶匙、颜料。

闪光在生日当天，收到了一份精美礼物——一瓶可爱的水晶球，一颗颗水晶球在灯光的照耀下，闪闪发亮，非常美丽。

大家看了都很羡慕，闪光兴奋地说："我想用这些水晶球布置鱼缸！"电小子建议他将水晶球放在透明花瓶中，插株幸运草，招来好运！水宝开心地拿出材料，请大家一起动手来做水晶球吧！

拿来布置鱼缸一定很美丽！

生日快乐！

跟着怪兽做 >>

1
将海藻酸钠倒进200毫升的热水中，充分搅拌，直到溶液变成黏糊糊的透明胶状物。

2
用1000毫升的水将氯化钙完全溶解。

海藻酸钠不容易溶于水，一开始会有很多白白的结块物，要慢慢把它们搅散哟！

3
将浓浓的海藻酸钠溶液分装到较小的容器中。

放进长形的花瓶应该会很好看！

水晶球放在杯子里也好美！

好漂亮哦！

这个我会，我教大家做！

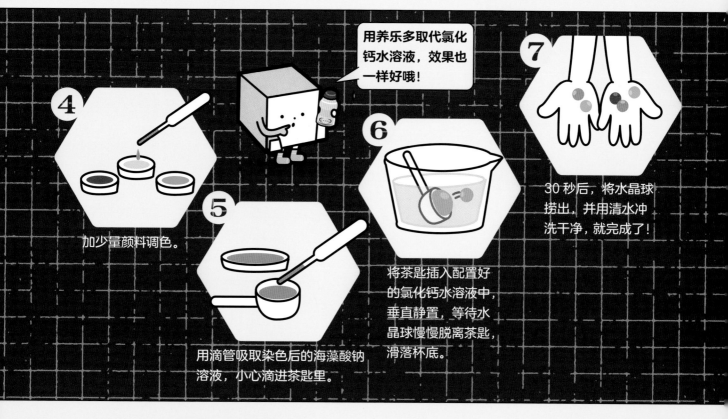

用养乐多取代氯化钙水溶液，效果也一样好哦！

4 加少量颜料调色。

5 用滴管吸取染色后的海藻酸钠溶液，小心滴进茶匙里。

6 将茶匙插入配置好的氯化钙水溶液中，垂直静置，等待水晶球慢慢脱离茶匙，滑落杯底。

7 30秒后，将水晶球捞出，并用清水冲洗干净，就完成了！

〈怪兽解密 〉〉

　　为什么黏稠的海藻酸钠溶液
浸泡在氯化钙水溶液中，就会变成
固体水晶球呢？原来这是一种"晶球
化技术"。

　　海藻酸钠是一种天然的高分子材料，
可从海带、马尾藻、巨藻等常见的褐藻中提炼出来。
当我们把它放进含钙的溶液后，溶液中的钙离子
便会进入海藻酸钠分子，取代钠离子，变成海
藻酸钙分子，让结构更稳定、流动性降低，
最后变成一种固体半透膜，而这层薄膜的
特性是：坚韧、具有弹性、加热不会溶解，
也不易溶于水。

　　另外，由于养乐多中含有乳酸钙，跟氯化
钙一样具有钙离子，因此盐哥才会建议大家用养
乐多取代氯化钙水溶液，让海藻酸钠溶液快速固化。
如果你很有实验精神，还可以到食品材料行购买食用
级海藻酸钠，并尝试将实验反过来操作：把养乐多滴进海
藻酸钠溶液中，等到它固化后取出，就是自制的"爆浆养乐多
QQ糖"啰！

本实验材料并未消毒，
成品可看、可玩，但
千万别吃呀！

怪兽创意 〉〉

　　如果想让圆圆的水晶球长得更美、更有特色，你也
可以在将海藻酸钠溶液装进茶匙后，加入少量亮粉、
小珠珠等装饰物，甚至用染成其他颜色的海藻酸钠
溶液，在茶匙上作画，再将茶匙泡进氯化钙水溶液
中，使茶匙上的溶液晶球化！

米其林大厨们挑战各种分子料理，改变食材的分子结构，加入可食用的化学物质使食材重新组合成意想不到的新样貌，让舌尖充满惊喜。现在最流行的，让比尔·盖茨、李奥纳多一吃就爱上的未来肉，也是一种分子料理哦！

Beyondmeat，中文称"未来肉"或"植物肉"，色、香、味俱全，它是用豌豆、小麦等天然植物蛋白及好的油脂做成的，并添加了铁质、维生素C、膳食纤维等营养成分，铁质含量比汉堡还高，还刻意加了红红的甜菜汁，煎肉排的时候会流出"血水"，就像真的汉堡肉一样。未来肉标榜无激素、无抗生素、非转基因、无防腐剂，近年素食主义兴盛，再加上对动物友善、减少排碳量环保，使得"吃未来肉"变成一种时尚。

听起来很厉害的未来肉和吃素的奶奶常买的素肉、素鸡、素鸭有什么不同呢？传统素肉的原料大多是黄豆脱脂后的豆粕加以调味重组，多使用廉价的大豆油，添加不同的食品添加物就能做出不同风味口感的素肉产品。有黑心商人为了使素肉吃起来更像肉，会掺杂肉类或加入过多添加物。

而未来肉具备非转基因，与肉一样营养又好吃，还发展出未来热狗、未来海鲜等，让素食有更多选择。

看起来就跟真的肉一模一样呢！

牛奶变胶水

文／沈郁芷

难易度｜★★★

制作时间｜30 分钟

实验材料：

脱脂牛奶、醋、小苏打、纱布袋。

力大王得到了一把料理魔法铲，没想到第一次使用时，就粗手粗脚地折断了！根据古老的料理魔法书，料理魔法铲只能用"食物"修复，否则法力将永远消失。怪兽们想了又想，试遍了厨房内所有材料，终于有了新发现！原来用早餐喝剩的牛奶，加些醋搅拌后，就能做出超黏"食物胶水"，顺利粘好断掉的魔法铲！

该怎么办才好？

哇！完蛋了！

我来查查资料！

跟着怪兽做 >>

1. 将 300 毫升脱脂牛奶倒进容器中。

2. 将 60 毫升醋倒入容器中，跟牛奶混合。

3. 不断搅拌牛奶，直到看见白色结块物（酪蛋白）。

如果使用全脂牛奶，脂肪会影响实验结果！

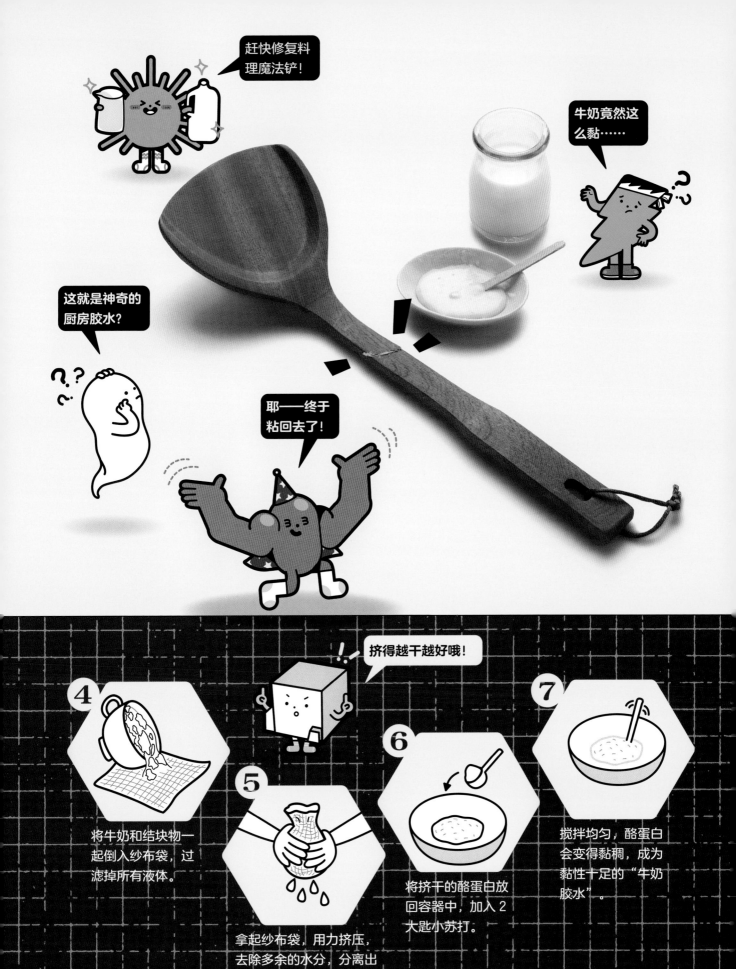

大约二十万年前，人类开始采集树木的树脂，当作天然黏合剂，把工具粘在木柄上；第一次世界大战的飞机制造商，也曾使用酪蛋白制作的天然胶水固定木材。

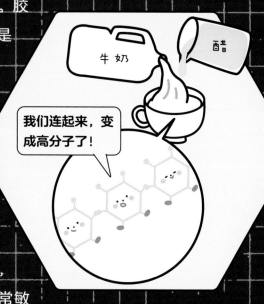

牛奶

我们连起来，变成高分子了！

胶水能产生黏性的秘密，就藏在它的成分中。胶水内除了含有水分，还含有大量高分子，高分子是由许多相同的小分子连接而成的巨大分子，这类分子的特性，就是会在分子间产生一股拉力；当我们在物体表面涂上胶水后，水分会慢慢蒸发，让胶水中的高分子越来越靠近，分子间的拉力也越来越大，最终完全靠在一起，并将我们要粘的物体紧紧结合在一起。

在实验中，为什么牛奶加了醋和小苏打，就能变成胶水呢？原来，牛奶中的营养成分酪蛋白，就是一种高分子物质，而酪蛋白对酸碱变化非常敏感，当我们在牛奶中加入酸性的醋时，酪蛋白表面的电荷就会游离出来，使得酪蛋白分子彼此聚集在一起，变成白色结块物。这时我们把水分过滤掉，再加入碱性的小苏打，酪蛋白便会再度分散，溶解于少量溶液中，变成最终的"胶水"。

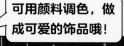

可用颜料调色，做成可爱的饰品哦！

怪兽创意 〉〉

调皮的空气鬼并没有认真制作胶水，反而把大家辛苦分离出来的酪蛋白拿来当黏土玩，没想到他随手捏出的小星星，经过两天风干后，竟然变得像塑料一样，轻巧又防水！

看完了神奇的食物修复术，我们会发现，原来生活中很多东西利用高分子聚合物的特性都能进行修补呢！

大家都有过因为蛀牙去牙科补牙的经验吗？在爷爷奶奶的时代，牙医是用银粉补牙，补好后要等 24 小时以上才能完全固化，而且张开口就会看到金属的颜色。现在牙医利用一种高分子聚合物——光固化树脂来补牙，树脂颜色和牙齿很接近，还能调色，蛀牙的洞填补好树脂后，用蓝光 LED 固化灯照 40~60 秒，树脂就会固化，马上就可以咬东西了！很多人以为牙医照的是能量高、对人体有害的卤素灯或紫外线 UV 灯，因而感到担心，其实那是可见光 LED 蓝光，能量不那么强，也不会发热，所以又称作"冷光"，对人体基本上无害，小心不要照到眼睛就可以了。

现在很流行的 3D 打印也是利用光固化技术，使打印出来的树脂模型快速硬化。还有女生们手指上做的凝胶美甲，各种颜色、造型，光滑闪亮，用很久都不会掉，这也是利用光固化树脂做到的！其实原理、材料都和牙医补牙的方法是一样的，是一位牙科医师为了修补孩子破损的指甲而发明出的方法，后来被美甲领域使用，发展成为持久无毒的美甲新方法。

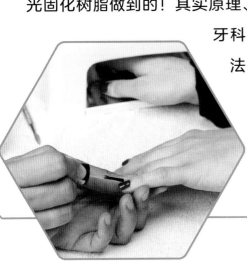

怪兽做笔记

有什么点子吗?
随手记下来吧!

有什么点子吗?
随手记下来吧!

有关作者

/ 李映璇
◆ 从小玩科学的生活科学家，毕业于台湾大学。

/ 易彦廷
◆ 爱动物、爱科学，更爱所有新奇的事物；现任职儿童杂志编辑。

/ 沈郁芷
◆ 毕业于物理系，喜欢阅读与写作，目前为自由工作者，觉得这个世界有许多值得探索发现的美好事物，希望将所发现的美好用文字、言语传达给大朋友与小朋友们。

/ 韩斯
◆ 知名科普博主，热爱科普和知识分享，擅长融合生活与教育，认为学习应从有趣的事情出发，边玩边学。

有关绘者

/ 吴佳臻
◆ 常用笔名小比，毕业于广告系，从小就爱有创意的东西，也爱乱画各式各样的图。

怪兽科学实验室1·化学自然篇
GUAISHOU KEXUE SHIYANSHI 1·HUAXUE ZIRAN PIAN

桂图登字：20-2024-109

★本书中文繁体字版本由康轩文教事业股份有限公司在中国台湾出版，今授权漓江出版社在中国大陆地区出版其中文简体字版本。该出版权受法律保护，未经书面同意，任何机构与个人不得以任何形式进行复制、转载。

图书在版编目(CIP)数据

怪兽科学实验室.1, 化学自然篇 / 李映璇等著；
吴佳臻绘. -- 桂林：漓江出版社，2024.7
　　ISBN 978-7-5407-9826-0

Ⅰ.①怪… Ⅱ.①李… ②吴… Ⅲ.①化学实验-少
儿读物 Ⅳ.①N33-49

中国国家版本馆CIP数据核字(2024)第098629号

李映璇　易彦廷　沈郁芷　韩斯　著
吴佳臻　绘　　吴赛金　校

出版人：刘迪才
策划编辑：林培秋　责任编辑：林培秋
内文版式：曾意　责任监印：黄菲菲

出版发行：漓江出版社有限公司
社　　址：广西桂林市南环路22号　邮　编：541002
发行电话：010-85891290　0773-2582200
邮购热线：0773-2582200
网　　址：www.lijiangbooks.com
微信公众号：lijiangpress

印　　制：北京中科印刷有限公司
开　　本：889 mm × 1194 mm 1/16
印　　张：4　字　数：65千字
版　　次：2024年7月第1版　印　次：2024年7月第1次印刷
书　　号：ISBN 978-7-5407-9826-0
定　　价：66.00元